AF602812

POURQUOI

NOS VINS DÉGÉNÈRENT

ÉTUDE

SUR L'ORIGINE ET LES CAUSES DE LEUR DÉGÉNÉRESCENCE
ET MOYENS DE LES RESTAURER

par

E. TERREL DES CHÊNES

Secrétaire du Comice agricole du Beaujolais

> Principiis obsta : sero medicina paratur,
> Quum mala per longas invaluere moras
>
> OV.

LYON

GIRAUDIER, LIBRAIRE

GLAIRON-MONDET, SUCCESSEUR

PLACE BELLECOUR, 8

1863

Cette étude s'adresse particulièrement aux producteurs de vins du Beaujolais (1). Ce n'est point un travail scientifique, par la simple raison que l'auteur est loin d'être un savant, et plus loin encore d'avoir cette prétention. Cependant il a bien été forcé, dans le cours de la discussion et pour l'établissement des preuves, de toucher à des questions qui sont du domaine de la science pure. Qu'on le lui pardonne : il le fallait, et nécessité fait loi.

Une partie de ce travail a paru sous le même titre dans la *Revue des Jardins et des Champs* (nos de mars, avril et mai). Cette excellente publication n'ayant pas, comme il arrive trop souvent, un nombre de lecteurs proportionné à son mérite, le but que s'était proposé l'auteur, être utile au plus grand nombre possible de viticulteurs, n'a pas été atteint. C'est pour s'efforcer d'y parvenir que, sur les instances de quelques amis, il s'est décidé à publier, sous forme de brochure, son premier travail, après s'être appliqué à le compléter, autant du moins qu'il était en son pouvoir de le faire.

Les idées qui sont développées dans cette étude appartiennent à son auteur et sont nées de ses observations et de son expérience. Cependant

---

(1) Je regarde comme faisant partie de ce vignoble, les villages et les crûs du département de Saône-et-Loire, dont les vins ont le même caractère et la même nature que ceux du Beaujolais.

il les a comparées avec celles que les œnologues les plus estimés ont émises sur la matière, et plus d'une fois elles se sont modifiées à ce précieux contact. En somme, ses vues s'appuient presque toujours sur celles de Maupin, du baron Chaptal, du comte Odard, de M. H. Machard, et c'est à ces noms, dont les uns sont glorieux, dont les autres se recommandent par d'excellents travaux sur les vins, qu'elles peuvent emprunter quelque autorité.

Etre utile, tel est le but et l'espoir de l'auteur. Y réussira-t-il ? Non, sans doute, si ses efforts restent isolés ; oui, assurément, si les esprits d'élite, dont notre pays s'honore, veulent bien s'occuper des graves questions qui vont être examinées ici, et leur apporter le concours de leurs lumières et de leur expérience. Que ce concours soit le seul résultat du travail qu'on va lire, et l'auteur ne regrettera point sa peine. Son ambition sera satisfaite de l'humble mérite d'avoir tenté et provoqué le bien que d'autres plus heureux accompliront.

I

DÉGÉNÉRESCENCE DES VINS.

Il n'est que trop vrai : nos vins dégénèrent (1). Ils n'ont plus les qualités qui les distinguaient autrefois. Ils sont sujets à des maladies que nos pères ne leur ont jamais connues. Qui oserait le nier, à moins d'une insigne mauvaise foi ou d'une maladresse plus insigne encore ? N'est-ce pas la plainte unanime que font entendre à la fois tous ceux qui ont affaire à la vigne ou à ses produits, c'est-à-dire consommateurs, commerçants et producteurs, en un mot tout le monde? Les vins de nos meilleurs crùs et de nos plus remarquables récoltes, presque tous ou malades ou défaits, ne sont-ils pas les irrécusables témoins de ce mal récent mais profond, dont les intérêts les plus considérables du Beaujolais reçoivent chaque jour une grave atteinte ? L'évidence n'est-elle pas complète, absolue? En présence d'une aussi fâcheuse situation, que doit faire l'honnête homme, l'homme intelligent, ce qui est tout un, et le viticulteur soigneux de ses intérêts? Une seule chose : chercher et connaître l'origine et les causes du mal, puis, en les supprimant, détruire le mal lui-même jusque dans ses racines.

Mais cette origine et ces causes, où les chercher, où les trouver? Est-ce dans notre méthode actuelle de viticulture, ou dans nos procédés de vinification, ou bien dans tous les deux ensemble?

---

(1) On peut avec justice en dire autant de beaucoup d'autres vins en France; mais je me bornerai à parler ici de ceux du Beaujolais et du Mâconnais.

Certes ! ce n'est ni les conditions climatériques, ni l'état du sol, ni l'ignorance des vignerons qu'on est en droit d'accuser.

La destruction des bois, le défrichement des terres incultes, le dessèchement des marais, la vie multipliée et répandue partout, ont élevé d'une manière notable depuis un siècle, la moyenne de la température ; l'air s'est assaini et s'est chargé de plus d'électricité par les mêmes causes.

Le travail de l'homme, les amendements divers, l'action du temps ont considérablement amélioré le sol.

Le cultivateur est plus instruit et sait mieux qu'autrefois ce qu'il convient de donner à la terre et aux plantes de soins vigilants, de travail opportun, d'avances sous diverses formes ; il lui prête sans compter, sachant bien que tout lui sera rendu avec usure.

Ainsi, les conditions générales dans lesquelles nous nous trouvons placés aujourd'hui sont meilleures que celles d'autrefois, et cependant nos vignes ne produisent plus des vins aussi bons ni aussi solides. Nous avons réalisé un grand et incontestable progrès, et c'est à la dégénérescence des produits que ce progrès aboutit en fin de compte. Mais n'a-t-il pas tantôt dépassé le but, tantôt quitté la bonne voie ? Avec la juste et louable intention d'améliorer l'ancienne méthode, n'en a-t-il pas rejeté parfois les bons procédés avec les mauvais ? Je crains bien qu'il n'en ait été ainsi ; et là se trouverait l'explication de ce fait anormal et illogique : le mieux engendrant le mal.

Quoi qu'il en soit, du reste, de ces questions que nous étudierons bientôt, l'abaissement des qualités est certain, et je pense qu'il doit être imputé un peu à tout le monde. Chacun y a contribué pour une part plus ou moins forte ; le consommateur par ses prétentions d'obtenir, au plus bas prix possible, des vins de bonne provenance; le commerçant en recherchant, par suite de ces mêmes prétentions, les cuvées les moins chères, c'est-à-dire les moins bonnes; le producteur enfin en s'efforçant, par tous les moyens, d'obtenir des produits abondants quoique inférieurs. Je ne parle pas des falsifications : il ne doit être ici question que des produits naturels de la vigne.

Ainsi, l'origine du mal serait, soit dans les exigences de la consommation demandant des produits à bon marché; soit dans la concurrence commerciale s'efforçant d'offrir à la consommation des vins au plus bas prix possible, et, par une conséquence forcée, voulant les obtenir tels de la production; soit enfin dans l'obligation où cet état de choses place le producteur d'abandonner les cuvées de choix, pour ne plus s'appliquer à obtenir que d'abondantes récoltes. Car l'abondance permet la vente à bon marché et élève pour un temps le revenu du propriétaire plutôt qu'elle ne l'abaisse; tandis que la recherche de la qualité conduit au résultat opposé : *Deux pièces de vin se vendent toujours plus cher qu'une seule*, répètent à l'envi propriétaires et vignerons.

Il suit de là que ce mal, dont tout le monde se plaint, tout le monde s'applique à le produire. Pourtant, consommateurs, commerçants, producteurs, tous ont un intérêt de même nature, sinon de même importance, à la bonne qualité et à la conservation des vins. Comment donc tous s'en montrent-ils les ennemis déclarés, ceux-ci en ne recherchant que les bas prix, ceux-là en ne poursuivant que l'abondance? La raison s'en trouve dans cette erreur si commune, dans ce faux calcul qui porte trop souvent l'homme à préférer l'intérêt visible du moment à l'intérêt moins apparent, mais plus sûr et plus durable, dont la loi est que l'excellence des produits peut seule fonder une solide prospérité ou commerciale ou industrielle. Cette erreur n'est assurément pas d'aujourd'hui. On la signalait, on faisait mieux, on la combattait déjà il y a plusieurs centaines d'années. Dès le XVe siècle, Philippe-le-Bon, duc de Bourgogne, rendait une ordonnance défendant *de porter fiens de vaches, brebis, chevaux et aultres bestes emmy les vignes de bon plant*. Olivier de Serres nous apprend que, *par décret public, le fumier est défendu à Gaillac, de peur de ravaller la réputation de leurs vins blancs, desquels ils fournissent leurs voisins de Tolose, de Montauban, de Castres et autres, et, par ce moyen, se priver de bons deniers qu'ils en tirent, où consiste le plus liquide de leur revenu* (1). Chaptal écrit, dans son *Essai sur les vins : Toutes les causes qui concourent puissamment à activer la végétation de la vigne altèrent la qualité du raisin* (2). Ne savons-nous pas, d'ailleurs, par notre propre expérience, qu'une qualité supérieure ne se rencontre jamais à côté d'une extrême abondance ? Il a donc été reconnu de tout temps que l'abondance des produits de la vigne est invariablement nuisible à la qualité des vins. Il a été également établi, et c'est là ce que l'on méconnaît trop aujourd'hui, que l'abaissement de la qualité porte une grave atteinte à l'intérêt général et particulier, toujours étroitement unis. C'est pour cela que les princes, les gouverneurs, les municipalités défendaient l'emploi des engrais qui donnent toujours l'abondance au détriment de la qualité. Mais aujourd'hui il ne s'agit plus seulement, comme alors, de maintenir la supériorité des vins, ainsi que leur bonne renommée. La situation est bien autrement grave. Si extrême et si effrénée a été la poursuite de l'abondance, que l'on touche à la complète décadence des vins : témoins les maladies apparues

(1) *Theâtre d'agriculture et Ménage des champs*, 1604.
(2) P. 30. Ed. de 1801.

depuis peu d'années, qui ont déjà compromis des récoltes entières, dans les caves des consommateurs, des marchands et des producteurs eux-mêmes. Jamais donc il ne fut plus urgent d'aviser, et surtout d'agir. Or, en ce temps de science et de liberté, c'est aux intérêts privés et collectifs qu'il appartient de se préserver eux-mêmes, puisqu'ils ont secoué la tutelle des princes et des gouverneurs. Ces intérêts, on le sait, sont considérables, et ils sont en péril. Mettons-nous donc à l'œuvre sans perdre un jour : nous n'avons déjà que trop attendu. Quant à la marche à suivre, elle ne peut être douteuse. Il faut étudier et découvrir les causes qui ont produit : 1° l'abaissement des qualités de nos vins ; 2° les maladies nouvelles dont ils sont atteints, puis, les faire disparaitre. Je crois que ces causes sont diverses. A mon avis, l'abaissement des qualités proviendrait des vices de la méthode de viticulture actuellement suivie, et les procédés récents de vinification, également vicieux, auraient seuls occasionné les maladies nouvelles de nos vins. Cette distinction divise naturellement en deux parties l'étude que j'entreprends de l'importante question de la régénération des vins du Beaujolais, étude dans laquelle je prie le lecteur de vouloir bien me suivre avec attention et bienveillance.

II

DE LA METHODE ACTUELLE DE VITICULTURE.

J'ai dit, qu'à mon avis, les vices de cette méthode étaient la cause directe de l'abaissement des qualités dans les vins de ce pays. Parmi les procédés vicieux qui produisent nécessairement ce fâcheux résultat, et je ne veux parler que des principaux, il en est de deux sortes : ceux que j'appellerai permanents, parce qu'on ne pourra réagir contre eux que lentement et avec le temps, et ceux que l'on peut nommer transitoires, parce qu'il est facile d'y renoncer et de les remplacer bientôt par des procédés meilleurs. Les procédés permanents sont ceux qui tendent à faire produire sans cesse à la vigne la plus grande quantité possible de vin, abstraction faite de la qualité ; les procédés transitoires consistent dans l'élimination de certains cépages et le mauvais choix de ceux qu'on leur substitue.

Parlons d'abord des premiers qui sont : la taille imprévoyante ; les fumures abondantes et multipliées ; le renouvellement prématuré des vignes.

Je dis que ces procédés sont permanents, parce que leur effet immédiat étant de donner de très-abondants produits et un revenu plus élevé, on ne les abandonnera que lorsqu'on aura reconnu qu'une qualité supérieure, jointe à une production modérée, peut devenir plus avantageuse que l'orgie d'abondance à laquelle on se livre aujourd'hui. Et le temps seul peut-être ouvrira les yeux : je ne dirai donc que peu de mots de ces procédés.

La taille, cette opération importante, dont Maupin écrivait, en 1782 : *Son économie est au-dessus de tout, au-dessus de l'écartement, au-dessus des engrais, au-dessus de tous les moyens possibles, pour toutes les vignes plantées et bien plantées* (1), la taille, dis-je, est entièrement abandonnée à la conduite de vignerons peu soigneux et toujours avides, ne visant qu'à une production abondante et précoce. Qu'importe l'épuisement probable des jeunes ceps ! Le second procédé n'est-il pas là pour remédier aux inconvénients du premier ?

(1) *Principales bévues des vignerons*, p. 30.

En effet, les fumures abondantes et répétées exciteront bientôt la vigne à produire encore et toujours davantage. Le vin sera, il est vrai, commun, plat, sans chaleur, sans séve et sans parfum. Mais on remplira, on vendra de nombreux tonneaux, et *deux pièces rapportent toujours plus qu'une.*

Sans doute, les pauvres ceps épuisés à 25 ans, comme des chevaux surmenés, ne répondront plus dès lors aux exigences des producteurs. Cela était prévu, et l'on a tenu en réserve, pour la circonstance, le troisième procédé qui n'est autre que la destruction et le renouvellement. La pioche a bientôt consommé l'œuvre dévastatrice ; puis, après un repos de deux ou trois ans à peine, le sol est de nouveau planté, et l'on a soin de lui trouver, s'il se peut, un cépage plus productif encore.

Ce qui vient d'être dit n'est-il pas l'exacte vérité? Vérité tellement absolue que, sur cent propriétaires, on n'en trouverait peut-être pas un seul faisant exception, et se préoccupant de la qualité de ses vins plus que de leur abondance ; vérité tellement banale qu'il n'est plus personne qui l'ignore !

Examinons maintenant les procédés que j'ai nommés transitoires :

L'élimination de certains cépages ; le mauvais choix de ceux qu'on leur substitue.

J'ai à présenter, sur ce point, des considérations que je crois nouvelles et importantes.

Laissant de côté, pour un instant, la question de la qualité de nos vins, occupons-nous plus particulièrement de leur solidité et de leur conservation. C'est un fait avéré que les vins du Beaujolais, tels que les faisaient nos pères, se gardaient bons et francs pendant de très-longues années, et que, dans notre vignoble, on ne savait même pas l'existence de ces maladies dont ils sont si souvent atteints aujourd'hui. D'où peut venir une telle différence entre les produits d'autrefois et les nôtres? Evidemment de la différence qui existe entre nos procédés actuels de viticulture et de vinification et ceux de nos pères.

Plusieurs d'entre nous se rappellent parfaitement d'avoir vu, il y a quelque trente ans, ces vénérables vignes aux troncs bizarrement contournés, moussus, noueux, énormes. Elles étaient nombreuses alors; aujourd'hui elles ont à peu près complétement disparu. Or, c'étaient ces vieilles vignes qui produisaient les vins si pleins de séve, si délicats, si parfumés, jamais malades et d'éternelle durée, qui ont conquis au Beaujolais son ancienne réputation. Si, en dehors des conditions d'âge et de culture, on trouve entre ces vignes et les nôtres une notable différence, différence coïncidant avec celle qui existe entre les produits d'alors et ceux d'aujourd'hui, ne sera-t-on pas fondé à croire que les fumures excessives et le renouvellement prématuré n'ont pas seuls contribué à l'abaissement des qualités, et que la différence dont nous parlons a pu y concourir également? Eh bien! cette différence existe et elle est immense. Elle ne provient pas seulement des changements apportés aux procédés de culture d'autrefois; elle est due encore à la suppression de certains cépages que plantaient nos pères, et au choix et à l'adoption de ceux que l'on préfère de nos jours.

Ce n'est pas que l'espèce ait été changée radicalement: Le *petit Gamay*, que l'on cultivait il y a cent ans, est encore l'espèce que l'on cultive maintenant; mais des variétés plus vigoureuses et plus productives, telles que le *Gamay Nicolas* ou le *Gamay Picard*, ont été obtenues. Elles sont même parvenues à jouir d'une telle faveur, que bientôt peut-être elles peupleront seules tout notre vignoble, avec quelques autres cépages de même origine et de même nature (1). De plus, nos viticulteurs ont soin qu'aucun cépage d'espèce différente ne se trouve mêlé à celui qui a obtenu leur préférence. Celui-là seul est admis ; tous les autres sont impitoyablement rejetés.

Est-ce ainsi qu'étaient composées les vignes centenaires dont j'ai parlé plus haut ? Tous ceux qui les ont vues savent bien le contraire. Le *petit Gamay*, l'espèce type de ce cépage, moins vigoureuse que le *Nicolas*, moins fructifère que le *Picard*, peuplait ces vignes pour les quatre-vingt-quinze centièmes. Les cinq autres centièmes étaient plantés d'espèces bien différentes, soit par leurs formes extérieures, soit par leurs qualités. C'étaient principalement le *Chardenet blanc* (2) et le *Chanay* (3). On rencontre encore dans les vignes récemment plantées quelques sujets très-rares de ces deux espèces de cépages ; ils ont vraisemblablement échappé à l'attention du vigneron. Mais un fait digne de remarque, c'est que la proportion dans laquelle ils se trouvent mêlés à notre cépage ordinaire s'élève ou s'abaisse en raison directe de l'âge des vignes, les plus vieilles en contenant un bien plus grand nombre que les jeunes ; de telle sorte que l'on pourrait, en général et sans crainte de se tromper, déterminer l'âge des vignes de notre vignoble par la quantité plus ou moins grande de *Chardenets* et de *Chanays* qu'on y compterait. C'est ce qui fait, sans doute que, dans sa *Topographie de tous les vignobles connus*,

---

(1) Les plants *Labronde*, *Charmetton*, *Monternier*.

(2) Vulgairement *Chardonnat* ou *Chardonnay*, suivant Jullien.

(3) Ce cépage est spécial au Beaujolais : on ne le connaît dans aucun autre vignoble, du moins sous ce nom.

éditée pour la première fois en 1816, Jullien les fait figurer parmi les cépages du Beaujolais et du Mâconnais, en constatant, toutefois, leur faible proportion, tandis qu'ils ne sont pas même nommés dans l'*Ampélographie française* de M. V. Rendu, édition de 1857, époque à laquelle ces cépages avaient déjà presque disparu. Or, ne l'oublions pas, ce sont les anciennes vignes, contenant une notable quantité de *Chardenets* et de *Chanays*, qui produisaient les vins excellents et solides que nous regrettons; et nos vignes d'aujourd'hui, dans lesquelles on ne compte pas un de ces cépages sur deux mille plants, produisent les vins énervés et malades que nous buvons, et dont la durée est si courte et si précaire.

Les anciens propriétaires, assez peu soigneux, dit-on, et fort enclins à abandonner les choses à la conduite de la bonne nature, toléraient-ils ces plants, ainsi qu'on l'a prétendu? Ne les avaient-ils pas au contraire choisis et adoptés? Etaient-ils simplement routiniers, et ont-ils suivi la méthode de leurs devanciers sans se donner la peine de l'examiner? ou bien le choix de leurs plants était-il laissé au hasard?

Il serait sans doute intéressant et même utile de résoudre ces questions; mais je crois bien plus utile encore de chercher à connaître les qualités propres au *Chardenet* et au *Chanay*, et par là, de déterminer les effets que pouvaient produire, dans les vins, leurs raisins mêlés en proportion plus ou moins forte à la masse de la vendange.

Les auteurs s'accordent à reconnaître que le *Chardenet* ou *Pineau blanc* donne un raisin juteux, à saveur fine, et très-sucré. On le fait entrer avec succès dans quelques-unes des premières cuvées des grands vins de la haute Bourgogne, notamment au Clos de Vougeot et à Chambolle. Il n'y figure que dans une faible proportion, et cependant il leur communique plus de force et de finesse alcoolique. Son influence sur la qualité de nos vins ne devait être ni moindre ni différente ; je dirai plus, elle ne pouvait qu'être plus efficace et plus marquée dans le même sens. On en saisira facilement la raison : Nos vins étant moins forts et moins chargés, ils reçoivent bien plus facilement l'influence des causes étrangères.

Le *Chanay* n'est décrit dans aucun ouvrage connu, du moins sous ce nom. Jullien se contente de le nommer et de constater, comme je l'ai dit, sa participation à la composition des crûs de notre vignoble. Une comparaison plus attentive de ce cépage avec ceux qui présentent un caractère et des propriétés identiques, le fera sans doute retrouver, sous un nom différent, dans les autres vignobles français ou étrangers. Peut-être aussi le *Chanay* est-il une dérivation d'espèces telles que le *Meunier* ou l'*Enfariné du Jura*, avec lesquels il paraît avoir quelques points de ressemblance, espèces qui auraient été modifiées par notre sol et notre climat, ou par un contact prolongé avec nos *petits Gamays*, auxquels le *Chanay* a été mêlé de tout temps. Une telle supposition n'a rien d'inadmissible ; elle présente au contraire des caractères sérieux de probabilité, puisque l'on constate tous les jours des modifications produites par les mêmes causes sur diverses espèces de végétaux. Quelle que soit au surplus la vérité sur ce point, une chose semble certaine, c'est que la végétation vigoureuse du *Chanay*, ses sarments noués, plutôt courts que longs ; sa feuille ronde, rugueuse, dentelée, non découpée en lobes et d'un vert foncé ; ses raisins courts, ailés, aux grains petits et fortement attachés en grappe à pédoncule court et raide ; grains ayant une pellicule épaisse, peu juteux, traversés de nombreux filaments d'un rouge foncé et d'un goût âpre, même lors de sa parfaite maturité; tous ces caractères, mais surtout le duvet blanc dont le dessous de sa feuille est teinté, rangent le *Chanay* parmi les espèces franchement et richement tannifères. Mêlé dans une sage proportion à la masse de la vendange, ce cépage lui communique nécessairement deux propriétés essentiellement constitutives de la qualité des vins : La couleur et le tannin (1).

Ces propriétés du *Chardenet blanc* et du *Chanay* étant établies, il devient évident qu'en les expulsant de nos vignes, nous avons maladroitement privé nos vins d'éléments précieux : la finesse, l'alcool, le tannin, la couleur; ou, tout au moins, nous en avons sensiblement affaibli la proportion. Bien plus, en même temps qu'ils subissaient cet appauvrissement, nos vins perdaient, par le fait de la fructification exagérée à laquelle nos nouvelles variétés de *petits Gamays* étaient excitées, une grande partie des mérites qu'ils tenaient du cépage-type. Pouvaient-ils, dans de telles conditions, échapper à la dégénérescence dont ils sont frappés?

On le voit par ce qui vient d'être dit, la méthode de culture de nos pères était supérieure à la nôtre, pour tout ce qui concerne la qualité des produits; elle lui était inférieure, si toutefois c'est une infériorité, quant aux moyens propres à procurer seulement l'abondance des récoltes. Et il faut le dire encore ici, car on ne saurait le répéter assez : jamais, à cette époque, on n'entendit parler, dans notre vignoble, ni de vins malades ou défaits, ni de récoltes compromises dans les caves des propriétaires, ni, à plus forte raison, de négociants en vins obligés de rembourser à leurs clients le prix de vins précédemment vendus, et cela pour

---

(1) Je parle de la couleur naturelle, et non point de celle qu'on obtient aujourd'hui par les fermentations exagérées.

des sommes de cinquante ou cent mille francs. Aucun vieillard ne se souvient d'avoir jamais entendu rapporter rien de pareil.

Ce déplorable état de choses est récent, et il coïncide avec les changements qu'a subis l'ancienne méthode de viticulture et de vinification suivie par nos pères. Ce sont là des faits patents, irrécusables. Il y a entre eux une connexité si étroite qu'ils s'imposent d'eux-mêmes aux esprits les moins clairvoyants, les uns comme causes, les autres comme effets. N'avons-nous pas vu, en effet, au commencement de cette étude, que les conditions générales dans lesquelles se trouve actuellement la viticulture, sous le triple rapport du climat, du sol et de l'instruction, sont de beaucoup meilleures qu'elles n'étaient autrefois, et qu'on ne peut leur attribuer l'abaissement des qualités de nos vins, non plus que leurs altérations? En vain s'efforcerait-on d'en trouver ailleurs l'explication. Tout se réunit pour nous montrer, dans les vices de nos nouvelles méthodes, et non autre part, l'origine et les causes du mal grave et profond dont notre vignoble est atteint. Et si ces méthodes ont déjà produit de si pernicieux résultats, ne sont-elles pas capables d'en produire de pires encore? N'est-il pas de toute évidence que, par suite de leur application de plus en plus générale, la dégénérescence de nos vins ira toujours croissant? Ne peut-on pas prévoir, dès ce moment, comme conséquence inévitable de cette dégénérescence, la perte de la renommée des vins de ce pays, et, par suite, l'éloignement des acheteurs? Car, il ne faut pas l'oublier, pendant que nous reculons, d'autres progressent; pendant que nos qualités décroissent et par suite les prix, d'autres vignobles voient s'élever les qualités et les prix de leurs vins. Cette amélioration a lieu principalement dans les vignobles du midi de la France. Aussi, depuis quelques années, plusieurs d'entre eux paraissent avoir bénéficié de tout ce que nous avons perdu dans la faveur et l'empressement publics, en tant que producteurs de vins.

Maintenant, si nous voulons guérir nos maux présents, et, en même temps, conjurer les maux plus grands encore dont l'avenir nous menace, que nous reste-t-il à faire ? Une chose bien facile et bien simple : abandonner les nouveaux procédés de culture, causes de la dégénérescence de nos vins, et revenir à l'ancienne méthode qui en donnait de si excellents à nos pères ; nous préoccuper un peu moins de la quantité et beaucoup plus de la qualité. Ce serait là le remède certain, radical.

Mais j'entends l'objection unanime de tous les viticulteurs : « Pourquoi nous appliquer à obtenir des qualités supé-« rieures, lorsque ces qualités sont délaissées, ou quand « le commerce, qui achète nos vins, refuse de nous en « donner un prix suffisant ? Il veut, avant tout, des vins à « bon marché, nous devons le contenter ; et, si nous ne vou-« lons pas voir notre revenu considérablement diminué, « nous sommes bien forcés de demander à l'abondance de « nos produits la compensation de ce que nous perdons par « suite des bas prix. Ce n'est pas en viticulture qu'on peut « faire de l'art pour l'art. »

Que les propriétaires y prennent garde. Ils ne savent peut-être pas bien où peut les mener cette course au clocher vers l'abondance : tout bonnement à un avilissement des qualités et des prix qui sera la ruine. Sans doute nous n'en sommes pas encore là ; et il peut se passer des années et des années, avant que la situation déjà fâcheuse où nous sommes empire à ce point ; mais ce résultat est bien le terme de la voie où l'on est engagé, terme où l'on échouera tôt ou tard, si l'on ne revient pas à une meilleure méthode. N'en est-il pas ainsi dans plusieurs vignobles de la Provence ? Là, sur un sol excellent, sous un ciel privilégié, avec un climat éminemment favorable à la culture de la vigne, on en est venu à n'avoir plus que des vins tellement inférieurs qu'ils sont incapables de se soutenir pendant une année seulement. Bien plus ! j'ai vu dans un village du département de l'Hérault la récolte de l'une des années les plus chaudes ne pouvoir arriver à maturité et donner un vin détestable, si toutefois il était permis d'appeler vin le liquide aigre, incolore et nauséabond qu'on me fit goûter. Il est vrai que l'on cultive, dans ce village et dans plusieurs autres, un plant qui ferait envie à nos propriétaires. Sa fertilité est si merveilleuse que, cette même année, un hectare de vigne produisit 260 hectolitres. Je l'ai vu de mes yeux. Il y a plus : le propriétaire chez lequel je me trouvais m'affirma avoir récolté, en 1849 je crois, dans la même vigne d'un hectare, plus de 500 hectolitres : Il avait eu soin de le faire constater par procès-verbal. Ajoutons que la moyenne des prix de ces vins varie de 2 à 5 francs l'hectolitre, suivant les années, et que les producteurs sont loin d'y trouver leur compte. Voilà où peut conduire la poursuite effrénée de l'abondance. On l'a si bien compris dans le midi de la France, que des sociétés viticoles se sont formées dans le but de changer l'état des choses actuel. La question principale que toutes étudient, et dont elles poursuivent avec ardeur la solution, est celle de l'amélioration des qualités par l'élimination des plants de quantité et l'introduction de cépages fins et moins productifs.

Revenons à ce qui nous concerne. Cet exemple, et d'autres semblables qui pourraient être cités, doivent nous donner amplement à réfléchir. Mais n'avons-nous pas, pour nous pousser à des réformes d'une évidente nécessité, le stimulant de nos intérêts les plus importants, déjà gravement compromis par les nouvelles maladies de nos vins ?

J'ai dit plus haut que le remède certain de ce mal se trouverait dans un retour à l'ancienne méthode de viticulture. Mais ce serait bien mal connaître les hommes et notre temps que d'espérer ce retour avant qu'un intérêt palpable et immédiat y détermine les producteurs de vins. Je me propose de dire bientôt ailleurs comment on peut arriver à la restauration des qualités par des mesures qui amèneront sûrement l'élévation du prix des bons vins. Ces mesures, que j'étudie et que je prépare depuis plusieurs années, je compte les soumettre, après les vendanges de 1863, à tous les viticulteurs beaujolais. En attendant leur adoption, et jusqu'au moment où elles porteront leurs fruits, il faut accepter la situation telle qu'elle est, et nous appliquer à en tirer le meilleur parti possible. Ne demandons pas aux propriétaires de renoncer, dès ce moment, aux procédés de culture qui ont en vue seulement l'abondance et que j'ai nommés permanents, ce serait trop exiger d'eux ; mais exhortons-les à ne pas les exagérer davantage ; puis insistons vivement sur la modification de ceux que j'ai appelés transitoires et qui consistent dans le choix des cépages. Par ce moyen, du moins, ils rendront à leurs vins une partie de la qualité qui leur est ôtée par l'excitation des vignes à une production immodérée.

Que les propriétaires continuent donc, puisqu'on ne peut l'empêcher, à fumer abondamment leurs vignes et même à les renouveler dès qu'elles ne leur donneront plus cette quantité de produits qui fait toute leur ambition, jusqu'au moment où ils comprendront enfin que leur intérêt bien entendu leur commande une autre conduite. Mais qu'ils se hâtent de rechercher et de planter les cépages proscrits à tort depuis tant d'années déjà : je veux parler du *Chardenet* qui donne au vin la finesse et l'alcool, et du *Chanay*, d'où lui vient le tannin et la couleur. Et, puisqu'il est établi que l'affaiblissement des vins et l'abaissement de leur qualité est en raison directe de leur abondance, que les viticulteurs aient soin de multiplier d'autant plus ces cépages que leurs vignes seront plus jeunes et plus productives. On comprend que la finesse et l'alcool, communiqués au vin par le *Chardenet* seront un correctif puissant de l'énervement causé par les trop nombreuses parties aqueuses d'une séve surabondante. Ainsi lui seront restitués deux de ses plus précieux éléments. Le tannin est pour le vin un élément peut-être plus essentiel encore ; car il assure sa franchise et sa durée en détruisant ou, tout au moins, en neutralisant l'action des mauvais ferments, causes et agents de toutes ses altérations ; et cet élément si précieux, le *Chanay* le rendra au vin en lui donnant en outre une plus belle coloration, puisque le tannin du raisin ne se sépare pas de sa matière colorante. (1)

---

(1) Ce rôle conservateur du tannin dans le vin est démontré par des expériences décisives. H. Machard cite la suivante, dans son excellent *Traité pratique sur les vins:* « Dans un demi-litre de vin de cabaret, vin mélangé d'eau, bien « entendu, et de la composition la plus commune, nous mêlâmes une forte « proportion de tannin; nous exagérâmes à dessein la dose de cette substance, « afin de paralyser l'action de l'agent fermentatif, et de le réduire tout à fait à « l'impuissance. Ainsi traité, ce vin fut placé dans une carafe à large cou, entiè- « rement ouverte, et demeura soumis, sans aucun obstacle, à l'action prolongée « de l'air. Pendant plus d'une année que ce liquide est demeuré en cet état, « exposé à l'influence immédiate de la lumière et à celle de l'air, ainsi que nous « venons de le dire, à celle aussi des températures les plus variées, *il ne s'est « pas produit chez lui la moindre altération.*

« Egale quantité du même vin fut placée, mais sans addition de tannin, dans « une bouteille exactement fermée ; au bout de quelques jours, le vin qu'elle « contenait était couvert de fleurs, et au bout d'un mois, il tendait à une com- « plète décomposition. » (*Prolégomènes*, pp. 5 et 6.)

J'ai fait moi-même, récemment, l'expérience que voici : J'ai décanté deux

Je recommande ici le *Chardenet* et le *Chanay* parce qu'ils nous sont connus, et ont d'ailleurs réussi, depuis longues années, sur notre sol et sous notre climat. Mais on pourrait également essayer du *Pineau gris* de Bourgogne à la place du *Chardenet* dont il a les propriétés, sans être blanc, et du *Meunier* ou de l'*Enfariné du Jura*, comme cépages tannifères, et en remplacement du *Chanay*. L'époque de maturité de ces deux cépages, chose de première importance, paraissant coïncider avec celle de notre petit *Gamay*, je les recommanderai spécialement.

C'est ici le lieu de faire remarquer que, dans tous les vignobles renommés, en Bourgogne, en Champagne, dans le haut Médoc, à l'Ermitage, etc. des cépages d'espèces différentes concourent à la production des grands vins.

Telles sont les modifications que les viticulteurs intelligents et soigneux de leurs intérêts peuvent et doivent, sans hésitation et sans retard, apporter dans leur méthode de culture.

J'en voudrais encore une autre qui aurait, si je ne me trompe, le mérite de concilier, d'une part l'abondance et le bon marché des vins avec les besoins du commerce et ceux des consommateurs peu aisés, et de l'autre, la restauration

---

bouteilles d'un excellent vin de 1854, atteint, depuis peu, de la *graisse*, après huit années de bonne conservation. La fermentation lente, cause et agent de sa maladie, était aussi visible à l'œil que sensible au palais et à l'odorat. Car une assez grande quantité de mousse d'abord, puis un cordon et des plaques de bulles couvrirent la surface du vin dans les bouteilles décantées. Un gramme de tannin ayant été introduit dans l'une d'elles, la fermentation cessa aussitôt, ainsi que le prouva la disparition de la mousse et des bulles. Il n'en fut pas de même dans l'autre bouteille, où des bulles se montraient encore le lendemain.

Quant à l'action définitive du tannin sur la reconstitution du vin, je ne puis la déterminer d'une manière précise, mon expérience n'étant pas encore terminée. Mais je puis affirmer, dès aujourd'hui, que si le vin n'est pas redevenu aussi bon qu'avant sa maladie, du moins il n'est plus malade.

des qualités tout à fait supérieures, obtenant de l'amateur opulent des prix très-rémunérateurs.

Il suffirait pour réaliser cette utile réforme, que l'on établît, comme dans les autres grands vignobles, une juste classification de nos différentes sortes de vins. Je la voudrais divisée en quatre classes :

La première comprendrait seulement les têtes de cuvées de nos meilleurs crùs, tels que les Thorins, Chénas, Fleurie, et quelques autres. Là, on s'appliquerait surtout à obtenir une qualité hors ligne. On ne prodiguerait pas les engrais ; on laisserait vieillir un peu plus les vignes ; on mêlerait quelques cépages fins à ceux que nous cultivons, et l'on tiendrait avec fermeté les prix.

La deuxième classe se composerait des secondes et troisièmes cuvées des grands crùs nommés plus haut, ainsi que des premières cuvées de Brouilli, Morgon, Julliénas, Chiroubles, Saint-Etienne, Quincié, Regnié, Villié, etc.

Là encore on ne rechercherait pas l'abondance, et l'on maintiendrait de bons prix. Dans les vignes produisant les vins de cette classe, je recommanderais l'emploi judicieux du *Chardenet* et du *Chanay*, ou bien de l'*Enfariné du Jura*, en remplacement du précédent.

Dans la troisième classe seraient rangés tous les vins connus sous le nom de bons ordinaires, vins provenant des jeunes vignes des bons crùs, ou récoltés sur les sols froids, profonds et fertiles. Ici l'abondance serait recherchée, unie autant que possible à la qualité ; qualité relative, sans doute, et qui serait soutenue, pour le degré d'alcool et la solidité des vins, par une plus forte proportion, dans les vignes, de cépages tannifères et alcooligènes (si l'on veut bien me passer ce néologisme). Les vins de cette classe étant abondants, leurs prix seraient modérés.

Enfin, tous les vins qui n'auraient pas été compris dans les trois premières classes trouveraient place dans la quatrième. Ce seraient spécialement ceux récoltés dans les plaines et sur les sommets élevés où la vigne réussit médiocrement; vins connus sous le nom d'ordinaires dans ce pays, et ailleurs sous celui de vins de commerce. Ils devraient être surtout abondants.

Pour les vins de cette classe, la viticulture moderne devrait déployer le luxe de ses procédés les plus excitants, et viserait à une production aussi immodérée qu'elle le voudrait. Ici, le but serait de produire au plus bas prix possible Car il ne faut pas perdre de vue que cette espèce de vins s'adresse aux consommateurs peu aisés, auxquels il faut avant tout des produits à bon marché.

Mais à raison de l'abondance obtenue dans cette classe de vins, les vignes qui les produiraient devraient recevoir, dans une plus grande proportion, les cépages tannifères. Sans eux, point de couleur, point de solidité, point de durée certaine.

Une dernière observation avant de passer à l'étude des maladies nouvelles des vins.

Planter parmi nos cépages indigènes, pêle-mêle et sans ordre, quelques autres cépages propres à remplir l'emploi indiqué plus haut serait un procédé peu intelligent. C'est ainsi qu'en usaient nos pères, et je crois qu'en cela ils se trompaient ; car, *Chardenet*, *Chanay*, *Pineau gris*, *Meunier*, *Enfariné du Jura*, et tels autres que l'on pourrait choisir, sont autant d'espèces gourmandes et voulant être taillées à longs bois. Ils sont pour nos *petits Gamays* de fort mauvais voisins, se faisant dans l'air, dans la terre et dans l'espace, la part du lion. Il conviendrait d'en former des vignes à part, auxquelles on pourrait plus facilement appliquer le genre de culture qui leur est propre. Cette méthode aurait de plus l'avantage que le propriétaire, suivant qu'il vendangerait une cuvée de choix ou une cuvée ordinaire, pourrait prendre à volonté dans ces vignes, soit une plus grande quantité de raisins fins, soit une plus forte proportion de raisins riches en tannin, suivant ce qu'il jugerait devoir faire.

Tels sont, si je ne me trompe, les moyens simples, faciles et pratiques d'arrêter, d'ici à peu d'années, la dégénérescence de nos vins, et même de leur restituer leur qualité et leur bonne renommée. Ces moyens auraient de plus l'avantage de rendre nos vins bien moins susceptibles de contracter les maladies que nous allons étudier.

III

DES PROCÉDÉS ACTUELS DE VINIFICATION ET DES NOUVELLES MALADIES DES VINS.

Les maladies auxquelles les vins de ce pays sont exposés peuvent se réduire à trois :

La *pousse*,
La *graisse*,
L'*amer*.

La première est peu dangereuse ; c'est une fermentation, une effervescence momentanée, que l'aération des vins et des caves suffit le plus souvent à calmer. Les désordres qu'elle produit sont passagers et ne laissent pas de traces si on les combat en temps opportun. La *pousse* n'attaque guère que les vins verts ou les vins non fermentés. C'est la seule maladie qui ait existé anciennement dans notre vignoble.

Il n'en est pas de même des deux autres. L'altération qu'elles provoquent est grave et profonde, et souvent, les vins ne s'en relèvent pas. Elles étaient inconnues autrefois dans ce pays, et n'y ont fait leur apparition que vers l'année 1846.

La *graisse* rend le vin sirupeux et filant comme l'huile ; sa limpidité et sa couleur s'altèrent ; il prend une saveur et une odeur acidules qui trahissent le gaz acide-carbonique dégagé par une fermentation lente ; puis les désordres s'aggravent, il se décompose.

L'*amer* laisse au vin sa limpidité et sa couleur ; la fermentation y est à peine perceptible ; mais il acquiert une saveur amère et dépose une lie noire et fétide. La décomposition suit. Seulement, ici elle revêt la forme de la putridité, et non plus celle de l'acidité, comme dans la *graisse*.

Il ne peut être question, dans cette étude, des procédés à employer pour le traitement des vins malades ; ils sont connus des propriétaires et des tonneliers un peu experts, et on les trouvera indiqués dans plusieurs traités pratiques sur les vins. Nous ne cherchons ici que les causes.

Parmi les hommes qui s'occupent de la vigne et de ses produits, il en est beaucoup, et des plus intelligents, qui attribuent les maladies nouvelles de nos vins à l'invasion de l'oïdium. Cette opinion frappe d'abord l'esprit, parce qu'elle se fonde sur un fait malheureusement trop réel. Cependant les hommes superficiels peuvent seuls s'en contenter ; car elle n'est que spécieuse et ne soutient pas un examen attentif. Elle mérite toutefois une réfutation sérieuse, que des faits seuls et des faits certains suffiront à fournir.

Les années où l'oïdium a le plus sévi dans notre vignoble, sont : 1845, 1851, 1852, 1853, 1856 et 1860. Les vins de ces années ont eu la *pousse*, plus ou moins, et cela devait être ; ils étaient verts et plus que médiocres, mais la *graisse* et l'*amer* ne les ont pas attaqués.

Les années où l'oïdium a été le moins aperçu dans le Beaujolais, sont : 1846, 1849, 1854, 1857, 1858, 1859 et 1861 ; les vins de ces années ont été atteints des maladies nouvelles, à des degrés différents d'intensité.

Comment admettre alors que l'oïdium puisse être la cause de maladies qui ne se montrent que lorsqu'il disparait, maladies qui disparaissent à leur tour, dès que l'oïdium se montre de nouveau ? Cela ne reviendrait-il pas à dire que l'effet ne se produit qu'en l'absence de sa cause ? La question, ainsi ramenée à l'exacte observation des faits, se résout d'elle-même par la négative et me dispense d'insister.

Observons, en passant, que les récoltes les plus remarquables par la qualité de leurs produits ont été aussi celles qui ont le plus souffert des atteintes de la *graisse* et de l'*amer*. La proposition inverse est également vraie.

Une autre opinion non moins répandue que la précédente, et qui n'a pas une moindre apparence de raison, veut que ces maladies aient pour cause les procédés de culture qui ont amené la dégénérescence des vins. Cette opinion ne me parait pas plus fondée.

L'excitation de la vigne à une production immodérée, et l'abandon de certains cépages, en appauvrissant les vins de deux de leurs éléments, l'alcool et le tannin, ont pu leur ôter la force de résister aux atteintes des maladies nouvelles et les disposer à recevoir plus facilement ces atteintes ; mais là n'est point la cause réelle, la racine du mal. Des faits avérés le prouvent encore. Longtemps avant 1846, époque à laquelle on a commencé à remarquer des altérations maladives dans nos vins, l'énervante méthode des fumures abondantes et du renouvellement prématuré des vignes était pratiquée, notamment dans les crùs produisant nos vins les plus fins, crùs d'où l'on rejetait déjà aussi les anciens cépages. Si la *graisse* et l'*amer* sont le résultat de cette méthode, comment se fait-il qu'on n'en ait pas aperçu la trace dans les vins, pendant les vingt ou trente premières années où cette méthode a prévalu? Comment l'apparition des maladies n'a-t-elle pas suivi de près la cause qui les a produites à ce qu'on prétend? Ici encore, voilà une cause qui demeure sans effet, c'est-à-dire une cause qui n'en est pas une. Il faut donc chercher ailleurs l'explication du phénomène dont il s'agit. Nous venons de voir où elle n'est pas; essayons de découvrir où elle réside.

Je crois trouver la cause des maladies nouvelles de nos vins dans les vices de nos procédés actuels de vinification.

Prétendra-t-on que ces procédés sont les mêmes que ceux d'autrefois? Je ne le pense pas; dans tous les cas, il serait impossible de l'établir, et c'est le contraire qui serait facilement prouvé. N'est-il pas certain, en effet, que jamais nos pères ne laissaient, dans des années chaudes et de grands vins, telles que 1854, 1858 et 1859, leur vendange soumise pendant cinq ou six jours à la fermentation dans les cuves? N'est-il pas également vrai qu'ils ne cherchaient pas à rappeler une nouvelle fermentation, au moyen de foulages pratiqués dans les cuves les 3e, 4e et 5e jours de la cuvaison? Ne sait-on pas bien qu'ils avaient pour principe que chaque cuve devait être remplie en un jour, et qu'ils ne permettaient pas d'y porter, comme on le fait aujourd'hui, de nouveaux raisins pendant deux et même trois jours consécutifs? Qui peut ignorer le soin qu'ils prenaient de faire fouler, aussi complétement que possible, leurs raisins avant qu'ils fussent jetés dans la cuve? Ne se rappelle-t-on pas combien étaient recherchées, il n'y a pas plus de trente ans, les bonnes *faiseuses de bennes* (1)?

Agissons-nous de la sorte aujourd'hui? Chacun sait bien le contraire. Fréquemment on porte des raisins dans les cuves pendant plusieurs jours;

On a plus que doublé la durée de la cuvaison;

Lorsque la fermentation tend à diminuer, on s'efforce de la réveiller par des foulages tardifs;

Enfin, ce foulage indispensable à toute bonne fermentation, on ne l'a pas exécuté au moment où il était de rigueur, je veux dire avant de jeter les raisins dans la cuve.

Certes! ou ce sont là des changements caractéristiques, ou le mot changement n'a pas de sens. Eh bien! autant de changements apportés à la méthode de vinification de nos pères, autant de procédés vicieux, autant de causes premières des maladies nouvelles de nos vins. Le témoignage des faits et les données de la science s'accordent pour le démontrer victorieusement.

Voyons d'abord les faits.

Il est de notoriété que la *graisse* et l'*amer* ont fait leur première apparition vers 1846, époque à laquelle on a commencé à demander aux fermentations prolongées une plus forte coloration des vins.

Au contraire, on ne pourrait pas citer un exemple de vins atteints de ces maladies pendant la période durant laquelle les vins incolores étaient seuls en faveur. Or, chacun sait que, pour obtenir ces vins, on laissait à peine la vendange fermenter pendant 36 heures à la cuve.

En 1849, 1854, 1858 et 1859, le commerce demanda

(1) Femmes chargées d'écraser et de fouler les raisins dans des vases en bois, au fur et à mesure de la cueillette à la vigne.

à la production des vins de plus en plus colorés et corsés. (1) Toujours humbles et soumis, parce qu'ils croyaient y trouver leur avantage, les producteurs s'appliquèrent à contenter le commerce. Ils avaient observé que le vin paraissait se charger d'une matière colorante d'autant plus grande que la fermentation était plus prolongée ; ils cherchèrent donc des moyens propres à la prolonger encore davantage. C'est alors, et pendant cette période décennale de 1849 à 1859, qu'ils en vinrent successivement :

A porter des raisins dans une même cuve pendant plusieurs jours consécutifs ;

A les fouler très-incomplétement dans les *bennes* ;

A provoquer des retours de fermentation par des foulages répétés dans les cuves qui se refroidissaient, trois moyens différents de retarder le décuvage ;

Enfin, à ne décuver qu'au bout de cinq, six et même huit jours.

Or, c'est pendant cette même période que nos vins ont le plus souffert de la *graisse* et de l'*amer*.

Parmi les vins de 1859, presque tous atteints de la *graisse*, les seuls épargnés ont été ceux qui avaient le moins fermenté et que, dans l'exagération du moment, on accusait d'être pauvres en couleur.

Jamais nos pères n'ont eu à se plaindre de ces maladies, et l'on sait quelle était leur méthode de vinification. Je dirai bientôt comment ils entendaient la décuvaison.

Tels sont les faits patents, avérés, qui forment autour de

---

(1) La raison en est facile à saisir : ce genre de vin se dédoublaut facilement, au moyen de l'addition de 40 ou 50 parties d'eau, les marchands peuvent faire à peu près deux tonneaux d'un seul et offrir à la consommation un vin encore suffisamment rouge et consistant. D'où résulte pour eux un bénéfice clair, on peut le dire.

l'opinion que j'avance un faisceau de preuves déjà recommandables. Essayons maintenant de présenter rapidement et avec clarté les jugements que la science a portés sur la question.

Il serait aussi long que fastidieux de rapporter ici en détail les opinions des différents chimistes, anciens et modernes, sur le mode suivant lequel s'opère la désorganisation des vins, dans les maladies qu'on nomme la *graisse* et l'*amer* ; d'ailleurs, ces opinions sont fort divergentes, souvent même opposées. Mais il est un point sur lequel les œnologues se montrent unanimes : c'est que la plupart des altérations organiques des vins, notamment celles dont je m'occupe, ont pour cause première un vice de la fermentation.

C'est l'opinion des savants rédacteurs du *Grand Dictionnaire encyclopédique*, publié, comme on sait, vers le milieu du XVIIIe siècle.

Maupin, qui a écrit, de 1770 à 1784, un grand nombre d'excellents traités sur les vins, est également de cet avis.

L'illustre Chaptal, dans son *Essai sur les vins* publié en 1801, affirme que la *graisse* a pour cause le principe *extractif, non décomposé* par défaut de fermentation.

De nos jours, les écrivains les plus autorisés en œnologie n'ont pas pensé différemment. M. le comte Odart a posé ce principe : *Les vins bien faits ne sont jamais malades.* Or, la première condition pour que le vin soit bien fait est une bonne fermentation. Le docteur J. Guyot, dont l'ouvrage : *La culture de la vigne* fait encore tant de bruit, partage cette opinion. M. H. Machard, dans son remarquable *Traité pratique sur les vins*, déclare qu'il a acquis la certitude que *toutes les altérations organiques du vin sont produites par le ferment.* Et l'on sait que le ferment est lui-même la cause et le produit de la fermentation.

Enfin, l'opinion la plus décisive, celle qui mérite de faire autorité, est celle d'un savant chimiste que ses admirables recherches et ses belles découvertes sur les fermentations alcooliques suffiraient seules à illustrer. J'ai nommé M. Pasteur, de l'Institut. Voici cette opinion qu'il a bien voulu me faire connaître lui-même, il y a deux mois.

J'avais écrit depuis peu au savant professeur une lettre dans laquelle je lui avais exposé les dommages considérables causés à notre vignoble par l'invasion des maladies nouvelles de nos vins, dont je lui faisais la description. Je l'avais prié de me dire s'il croyait pouvoir m'en apprendre les causes et m'indiquer un préservatif, et, afin qu'il fût parfaitement en état de traiter la question, je lui avais désigné l'époque et les circonstances dans lesquelles la *graisse* et l'*amer* avaient fait leur apparition chez nous ; de plus, et c'était là la chose essentielle, je lui avais fait connaître avec détail, et les procédés de culture et de vinification du temps où nos vins n'étaient point sujets aux maladies nouvelles, et la méthode actuelle, avec laquelle paraissent coïncider les altérations devenues fréquentes de nos meilleurs produits. Enfin, j'avais joint à cette lettre l'envoi du n° de mai de la *Revue des Jardins et des Champs*, contenant la partie de mon travail qui traitait particulièrement la question des maladies nouvelles des vins de ce pays. M. Pasteur m'a fait l'honneur de me répondre la lettre suivante :

« Monsieur, j'ai lu votre lettre et l'article imprimé que « vous m'avez fait l'honneur de m'adresser, avec bien du « plaisir et de l'intérêt. J'aurais beaucoup de satisfaction à « pouvoir lever les difficultés que vous me soumettez, mais « je n'ai sur ce sujet que des projets d'étude. Il y a bien « longtemps déjà que j'ai fait le projet de m'occuper avec « suite de toutes les questions qui se rattachent à la fabri-

« cation et à l'amélioration des vins, et je ne doute pas qu'un « jour (prochain peut-être), je m'y mettrai tout entier. Déjà « j'ai fait quelques recherches isolées. La seule chose que « je regarde comme bien fondée, et qui résulte de l'ensemble « de mes travaux déjà publiés et de quelques autres inédits, « c'est que la plupart des maladies des vins ont pour ori- « gine le développement de ferments organisés spéciaux, « dont le sucre est un aliment favori.

« De cette donnée scientifique sûre, vous pouvez déduire, « dès à présent, diverses conséquences. Pour moi je ne « puis le faire convenablement sans avoir à présenter de « nouvelles expériences.

« Vous comprendrez, Monsieur, que je suis tenu à plus « de circonspection que personne dans ces matières. Je ne « puis guère en parler, même dans une lettre familière. « sans avoir autre chose à offrir que des vues préconçues.

« Veuillez, etc... »

On le voit : il est deux choses que le savant M. Pasteur ne craint pas d'affirmer de la manière la plus positive, et la réserve dans laquelle il prend soin de rester sur les questions où une certitude complète n'a pas été faite pour lui, donne à ses affirmations une incontestable valeur. Les deux choses importantes qu'affirme M. Pasteur sont celles-ci : *La plupart des maladies des vins ont pour origine le développement de ferments organisés spéciaux*, et

Le sucre est l'aliment favori de ces ferments.

M. Pasteur ajoute : *De cette donnée scientifique sûre vous pouvez déduire, dès à présent, diverses conséquences.* Et l'on comprend toute la confiance qui est due à cette affirmation. qu'il s'agit d'une *donnée scientifique sûre*, lorsqu'on sait que le savant chimiste ne veut rien avancer sans avoir à présenter de *nouvelles expériences.*

Il est donc certain que la *graisse* et l'*amer* ont pour origine *le développement de ferments* pernicieux, *dont l'aliment favori est le sucre.* Quelle est la nature, quelle est l'organisation de ces ferments? A quelles lois obéit leur formation, leur reproduction? Ces questions sont du domaine de la science pure, et je me garderai bien de les effleurer seulement. M. Pasteur, j'en ai la confiance, ne tardera sans doute pas à les résoudre. Pour moi, je dois me borner à constater que leur solution n'est pas immédiatement nécessaire à l'industrie viticole.

Ce qu'il lui importe avant tout, et ce qu'il lui suffit d'ailleurs de savoir, c'est que les maladies de nos vins sont dues au développement de ferments spéciaux, et que le sucre est l'aliment préféré de ces ferments.

De ces faits certains découlent rigoureusement les deux conséquences capitales que voici : pour préserver nos vins des altérations organiques qui nous occupent, il faut :

1° Empêcher la formation des ferments pernicieux;

2° Oter à ceux qui se seraient formés à notre insu et malgré nos soins, leur aliment favori, le sucre.

Mais comment y parviendra-t-on? Par un moyen aussi simple que facile à pratiquer : Par la bonne conduite de la fermentation; en d'autres termes, par l'entente et l'exacte application des soins que demande la cuvaison des vins.

La fermentation a pour but et pour effet la transformation du sucre de raisin en alcool; elle opère également la décomposition d'autres substances, telles que le tartre, le tannin, les acides, etc. dont la combinaison avec l'alcool constitue le vin. La fermentation est donc l'acte le plus important, l'acte essentiel de la vinification. Il en résulte ceci : c'est que, de même que les procédés de la viticulture doivent tendre à produire les plus excellents raisins, de même aussi les procédés de la vinification doivent avoir en vue de produire la fermentation la plus parfaite possible.

Maintenant, quelles sont les conditions d'une bonne fermentation? Je parle seulement de celles que nous pouvons régler. Il en est qui, par leur nature, échappent nécessairement à notre action, telles que le degré de la température, par exemple, et la proportion de sucre contenue dans le raisin. Mais il en est d'autres sur lesquelles nous pouvons agir efficacement : Je veux parler de la préparation à faire subir au raisin avant de le soumettre à la fermentation et du temps plus ou moins long pendant lequel on l'y laissera livré. Si notre influence sur les deux premières est nécessairement bornée, nous sommes entièrement les maitres de gouverner les deux autres. C'est donc de celles-ci avant tout que nous devons nous occuper.

Les conditions d'une bonne fermentation sont les suivantes, au témoignage des hommes les plus éclairés et les plus compétents. Je les laisserai parler eux-mêmes.

J'ouvre Maupin, et je lis :

« La fermentation universelle est la plus parfaite, celle « qui donne le meilleur vin, le vin le plus vineux. Cepen- « dant, ce n'est point assez que la fermentation soit uni- « verselle et qu'elle ait parcouru successivement toutes les « parties du moût, il faut encore qu'elle soit simultanée ou « du moins que ses parties aient fermenté dans le moindre « temps possible. La fermentation n'est bonne qu'autant « qu'elle est prompte ; dès qu'une fois elle s'affaiblit sensi- « blement, il faut l'arrêter.

« . . . . En maintenant le vin dans la chaleur « de la fermentation, elle agit de préférence sur les parties « déjà fermentées et en enlève ce qu'elles ont de plus spiri-

« tueux et de plus volatil, et, par là, elle fait beaucoup plus « de mal que de bien (1).

« Le foulage des raisins est la partie fondamentale de l'art « des vins, et la perfection de cette opération, une des con- « ditions les plus essentielles de cet art. Elle est si impor- « tante, qu'où elle manque, il est impossible, quoi qu'on fasse « d'ailleurs, que le vin n'ait beaucoup moins de qualité (2). »

« . . . . C'est une opération essentielle et pour « laquelle il ne faut absolument rien épargner. « Cette opé- « ration une fois manquée, tout le reste l'est (3). »

« . . . . On ne décuvera les vins, et tous les « vins, quels que soient les années et les pays, qu'après l'a- « baissement ou l'affaissement des marcs, en observant « pourtant, pour le plus sûr, de ne les tirer de la cuve que « vingt-quatre heures après cet affaissement. . . . . « Dans les années de maturité et très-chaudes, j'estime qu'il « ne faut pas plus de douze à dix-huit heures, au plus, de « cuvage après l'affaissement du marc. . . . . Si on « les passait, le vin perdrait beaucoup plus qu'il n'acquer- « rait, et, suivant les années, *deviendrait sujet à certaines « maladies qu'on préviendra sûrement en se conformant à la « règle que je viens d'établir* (4). »

Si l'on consulte le célèbre Chaptal sur la question de la fermentation, voici ce qu'il répond :

« Il est indispensable de fouler le raisin pour en faciliter « la fermentation (5).

« . . . . Le raisin ne saurait éprouver la fer-

---

(1) Maupin, *L'Art de faire le vin*, p. 13 et 14, 1770.
(2) Maupin, *Cours complet de chymie*, p. 18, 1779.
(3) Maupin, *Procédé pour faire et améliorer les vins*, p. 18, 1779
(4) Maupin, *Problème sur le décuvage des vins*, p. 3 et 4, 1780.
(5) Chaptal, *Essai sur les vins*, p. 53, 1801.

« mentation spiritueuse, si par une pression convenable on « n'en extrait pas le suc pour le soumettre à l'action des « causes qui déterminent le mouvement de fermentation (1). « . . . . L'opération (du foulage) ne sera parfaite « qu'autant que tous les grains seront également écrasés ; « sans cela la fermentation ne saurait marcher d'une ma- « nière uniforme : Le suc exprimé terminerait sa période de « décomposition avant même que les grains qui ont échappé « au foulage eussent commencé la leur, ce qui, dès lors, « présenterait un tout dont les éléments ne seraient plus en « rapport. Cependant, si on examine le produit du foulage « dans la cuve, on se convaincra facilement que la com- « pression a été toujours inégale et imparfaite (2). . . . . « . . . On doit avoir l'attention de remplir la cuve dans « vingt heures. . . . . Un trop long temps entraine « le grave inconvénient d'une suite de fermentations suc- « cessives qui, par cela seul, sont toutes imparfaites : Une « portion de la masse a déjà fermenté que la fermentation « commence à peine dans une autre portion. Le vin qui en « résulte est donc un vrai mélange de plusieurs vins plus « ou moins fermentés (3). »

Telles sont les opinions des auteurs anciens les plus éclairés. Veut-on connaitre à présent celles des écrivains modernes qui méritent d'être cités ?

Voici d'abord ce que pense M. Henri Machard, dont je ne saurais trop recommander aux viticulteurs l'excellent *Traité pratique sur les vins :*

« Il est très-important de faire subir immédiatement à la « vendange l'action du foulage. . . . . . . Qu'arrivera-t-il

(1) Chaptal, *Essai sur les vins*, p. 54, 1801.
(2) Chaptal, *Essai sur les vins*, p. 54, éd. 1801
(3) Chaptal, *Essai sur les vins*, p. 55.

« si, faute d'avoir pris ces précautions, la fermentation « n'a pas agi uniformément sur la masse (de la vendange) « lorsque viendra le décuvage? Il arrivera que, le vin se « trouvant composé de parcelles dont les unes auront été « usées par la fermentation tumultueuse plus qu'elles n'au- « raient dû l'être et dont quelques autres n'auront subi que « quelques phases plus ou moins complètes de cette fermen- « tation, ce vin portera avec lui, dans les tonneaux, des « éléments de désorganisation qui ne pourront, tôt ou tard, « manquer de lui devenir funestes.

« Ainsi donc, le foulage est une des opérations les plus « nécessaires à une fermentation complète, et c'est une « de celles qui commandent une plus active surveillance « de la part des propriétaires (1).

« Voici notre opinion relativement au décuvage..... nous « décuvons à cette époque, toujours facile à saisir, où le « goût de sucre commençant à disparaître, cède enfin la « place à la saveur vineuse (2). »

Enfin, le docteur J. Guyot, que tout le monde connaît, dans son livre intitulé : *Culture de la vigne et vinification*, écrit :

« Si l'égrappage n'est pas indispensable à la confection « des bons vins, en revanche, l'écrasement des grains du « raisin, soit avec leur rafle (*grappe*), soit isolés de cette « rafle, est nécessaire et doit être exécuté préalablement au « pressurage pour les vins blancs, et préalablement à la cu- « vaison pour les vins rouges. L'écrasement préliminaire, « soit au moyen d'appareils spéciaux, soit à mains, soit à

---

(1) H. Machard : *Traité pratique sur les vins*, p. 36 et 37.
(2) Id. id. id. p. 80.

« pieds d'homme, est tout à fait de rigueur (1)... Pour les « vins rouges, le but est de désagréger les parties consti- « tuantes du raisin, de mélanger les jus, le ferment, la ma- « tière colorante, et de multiplier leurs contacts avec l'air, « pour assurer à la fermentation une marche rapide, uni- « forme, et pour faciliter la meilleure dissolution et la « meilleure combinaison possible de tous les éléments du « vin entre eux (2)......... Je recommande l'écrasement ou « foulage préalable comme indispensable à la prompte et « bonne confection des vins blancs et rouges (3)...... Une « cuve doit être remplie en un jour...., afin que la fermen- « tation de toute la vendange qu'elle contient soit à peu près « simultanée; l'intervalle d'une nuit suffit souvent pour que « la fermentation soit établie, et l'addition de nouveaux rai- « sins, le lendemain, interromprait d'une façon fâcheuse le « travail de la fermentation (4).

« La confection des vins rouges à la cuve est exactement « limitée par la cessation de la chaleur très-apparente et du « bouillonnement très-sensible. Lorsque l'oreille, appliquée « à la cuve n'entend plus bouillir, lorsque la main plongée « dans le marc ne sent plus de chaleur, le vin est fait et « parfait, quelle que soit sa couleur (5). »

Je termine ici les citations des auteurs; peut-être les trouvera-t-on déjà trop longues. Elles étaient nécessaires, cependant. Quand on veut attaquer la routine et l'apathie et vaincre leurs résistances, lorsqu'on veut introduire dans une industrie des procédés autres que ceux qui sont suivis,

---

(1) J. Guyot: *Culture de la vigne et vinification*, p. 232.
(2) Id. id. id. p. 234.
(3) Id. id. id. p. 236.
(4) Id. id. id. p. 288
(5) Id. id. id. p. 297 et 298.

on ne saurait s'appuyer sur des autorités trop nombreuses ni trop considérables; il faut être armé de toutes pièces.

Ainsi qu'on a pu le voir, les conditions d'une bonne fermentation, selon l'opinion des auteurs cités, et je puis l'ajouter, suivant le sentiment de tous ceux qui ont écrit sur la matière, sont les suivantes :

1° Remplissage des cuves en un jour, et, s'il n'est pas possible, nécessité de n'y pas ajouter de nouveaux raisins le lendemain ou les jours suivants;

2° Ecrasement parfait de toutes les grappes et de tous les grains de chaque grappe, rendant inutile les foulages à la cuve; sans ces deux conditions premières, la fermentation ne peut être ni uniforme, ni rapide, ni générale, ni simultanée, et il faut, de toute nécessité, qu'elle soit tout cela;

3° Décuvaison aussitôt que la fermentation tumultueuse a cessé; sinon, danger pour le vin de perdre de sa qualité et de subir, tôt ou tard, des altérations graves.

Si j'osais proposer ici mon avis, après avoir rapporté ceux des maîtres, je dirais, après vingt ans de pratique, que, pensant absolument comme eux sur les bases de l'opération, je vais même un peu plus loin qu'eux sur la seule question qui semble les partager : celle des causes premières et directes des maladies des vins. Les uns les attribuent à une fermentation incomplète ou trop précipitée, les autres, à une fermentation excessive ou trop prolongée; ceux-ci, à la présence dans le moût d'une quantité surabondante d'extractif, ceux-là, à l'action des ferments. Adoptant pleinement cette dernière opinion, qui est aussi celle du savant M. Pasteur, je pense que la présence dans nos vins de ferments organiques spéciaux est la cause première de leurs maladies; et, de plus, que la formation de ces ferments est due principalement à ces deux vices radicaux de nos procédés actuels de vinification :

1° Le défaut d'écrasement des raisins;

2° La décuvaison tardive.

Ne savons-nous pas, en effet, que le grand acte de la fermentation a trois phases très-distinctes qu'on a nommées : la fermentation sucrée ou alcoolique, la fermentation acide et la fermentation putride? Il est établi en outre que la fermentation est produite par la formation, dans le moût, de végétaux microscopiques, appelés ferments, végétaux qui se reproduisent et se multiplient avec une incroyable rapidité. Ils sont ainsi, tout à la fois, la cause et le produit de toute fermentation. Une fois leur œuvre achevée, ils se massent, se précipitent et forment la lie du vin.

Or, *la fermentation ne passe jamais d'une période à une autre sans un temps d'arrêt* (1). N'est-on pas alors fondé à croire que les ferments de la fermentation alcoolique ne sont pas ceux qui donnent lieu à la fermentation acide et à la fermentation putride? Chacune des phases du grand phénomène serait due à l'action d'un ferment spécial; et les temps d'arrêt qui, selon Maupin, marquent les différentes périodes de la fermentation, permettraient aux ferments dont le rôle est achevé de se précipiter, et aux autres de se former (2).

Je suis loin de vouloir prêter à ce système une valeur positive : c'est une simple hypothèse; mais l'hypothèse me semble fondée sur une apparence de vérité qui mérite qu'on ne la rejette point *à priori*. Elle jetterait une vive lumière sur la question qui nous occupe, et elle expliquerait merveilleusement bien que l'apparition de la *graisse* et de *l'amer* n'ait pas eu lieu lorsque nous avons abandonné les procédés

(1) Maupin : *Art de faire le vin*, p. 31 (1770).

(2) On sait, en effet, que lorsqu'une cuve est faite, le vin s'éclaircit et devient presque limpide.

de culture de nos pères, mais qu'elle ait suivi immédiatement les changements apportés à leur méthode de vinification.

Qu'arrive-t-il, en effet, lorsque nous négligeons :

1° De remplir nos cuves en un jour;

2° D'écraser complétement les raisins;

3° De décuver au moment opportun ?

Trois fermentations se produisent nécessairement dans la cuve :

En premier lieu, et dès le premier jour, la fermentation sucrée du moût provenant d'un assez grand nombre de raisins écrasés par les diverses manipulations de la cueillette, du transport et de la mise en cuve ;

En second lieu, la fermentation acide de ce même moût, arrivant au bout de trois jours, dans les années chaudes et de grande maturité, et cela, au moment même où, soit par suite du foulage des cuves, soit parce qu'ils sont pressés par le poids des autres et sollicités par la chaleur, la plus grande partie des raisins non encore écrasés laisse échapper son moût et commence sa fermentation alcoolique ;

En troisième lieu, commencement de la fermentation putride du premier moût, acide du second, dans le temps même ou un dernier moût d'un certain nombre de raisins tardivement écrasés jette dans la cuve son jus sucré qui, lui, ne fermentera pas et gardera son premier état, car le moment de décuver ne pourra plus être retardé.

Nous avons ainsi, dans le vin des cuves soumises à ce déplorable système, tout ce qu'il faut pour faire naitre les maladies les plus graves et pour les développer : d'abord les mauvais ferments des fermentations acide et putride, puis le sucre qui est leur aliment favori, comme le déclare M. Pasteur.

On m'objectera peut-être que nos pères, s'ils foulaient leurs raisins mieux que nous ne le faisons, étaient cependant loin de les écraser tous, et que, malgré ce foulage incomplet, leurs vins n'étaient point sujets aux maladies dont nous nous occupons. Cette objetion est facile à détruire. Les vins d'autrefois n'étaient pas malades parce qu'on décuvait en temps opportun. Sans doute les vins d'alors n'avaient pas toujours eu une fermentation régulière, et il y restait, après leur mise en tonneaux, une quantité, notable peut-être, de ce sucre, aliment des mauvais ferments; mais ces ferments eux-mêmes ne s'y trouvaient point, parce que la décuvaison avait eu lieu avant leur formation.

Ce système expliquerait en outre comment ce sont nos vins les meilleurs et des années les plus chaudes qui sont le plus exposés aux altérations maladives, tandis que ceux des années froides semblent en être exempts. L'élévation de la température et la forte proportion de sucre dans le moût des grandes années impriment à la fermentation une activité et une violence extrêmes; en sorte que, dans ces années, le travail de quelques heures est égal à celui d'un jour et plus, dans les années froides. Dans les premières, on décuve presque toujours trop tard; dans les secondes, presque toujours trop tôt. En effet, le propriétaire qui, seul, dans notre vignoble, décide de la décuvaison, la renvoie le plus souvent au lendemain, pour peu que la cuve ne lui semble pas suffisamment faite (fermentée) ou que cela lui soit plus commode. C'est 12 ou 15 heures de retard, et il suffit souvent de 3 pour produire un grand mal, dans les années de grande fermentation. Dans les autres, au contraire, on pourrait retarder la décuvaison de deux ou trois jours, au grand avantage du vin, tandis que souvent, sans autres raisons que la commodité, on la décide encore pour le lendemain.

C'est par de telles fautes, et par un grand nombre d'autres, que les viticulteurs parviennent à détériorer des produits excellents par nature, et qu'avec un peu d'attention et de soins, ils pourraient rendre parfaits. C'est ce qui a fait dire à Maupin cette parole sévère, et pourtant trop souvent vraie : *Quand le vin des vignerons est bon, c'est qu'ils n'ont pu le rendre mauvais* (1).

De tout ce qu'on vient de lire découlent les conclusions suivantes :

Le vin étant le produit de la fermentation sucrée ou alcoolique du moût de raisin, il est de toute rigueur que cette période de la fermentation ne soit jamais dépassée.

Pour qu'il en soit ainsi, il faut absolument que toute la masse de la vendange commence et achève sa fermentation en même temps, ou, du moins, le plus simultanément possible.

De là la nécessité de remplir les cuves en un seul jour et d'opérer l'écrasement parfait de tous les raisins. Sans ces deux conditions rigoureuses, point de bonne fermentation.

Et dès que la masse fermentante a terminé sa fermentation alcoolique, ce qui se reconnaît aisément à l'affaissement du marc, à la cessation du bruit, à l'odeur vineuse de la cuve, on doit décuver sans faute ; autrement les mauvais ferments commenceraient à se former et la qualité et la solidité du vin seraient compromises. La richesse de couleur qu'il pourrait acquérir par une plus longue fermentation serait pour lui un danger de plus. Car c'est à la matière colorante qu'adhèrent les redoutables ferments. Suspendus avec elle dans la masse du vin, ils la provoquent sans cesse

(1) *Procédé pour faire et améliorer les vins*, p. 16. (1780.)

à fermenter en s'y multipliant ; et cette fermentation , sous leur action lente mais sûre, produit tantôt la *graisse* et tantôt l'*amer*. De là vient que le collage et le soutirage des vins sont l'un des moyens les plus sûrs de les guérir de ces maladies à leur début, en précipitant la matière colorante et délivrant ainsi le vin des ferments dangereux dont elle est le véhicule.

Pour me résumer en quelques mots précis, je ne crains pas de poser les principes suivants, dont l'exacte observation, j'en ai l'assurance, préservera nos vins des maladies dont ils sont atteints depuis quelques années.

1° Ne mettre des raisins dans les cuves que pendant un seul jour, qu'elles se remplissent ou non ;

2° Ecraser parfaitement toutes les grappes et tous les grains de chaque grappe ; (1)

3° Décuver rigoureusement aussitôt que la fermentation très-apparente a cessé.

Nos pères connaissaient ces principes et s'en écartaient le moins possible ; c'est pour cela que leurs vins n'étaient jamais atteints de la *graisse* ni de l'*amer*. On peut même dire, sans mériter le reproche du poète : *Laudator temporis acti*, que leurs vins valaient mieux que les nôtres, tout en étant d'une garde sûre.

Sans doute, la confection des vins demande encore d'autres soins que ceux dont je viens d'établir la nécessité. Le moment de la vendange, l'ouillage des vins, leurs soutirages réclament également, de la part des producteurs,

---

(1) Je crois que l'écrasement complet à la main ou dans les cuves est à peu près impossible. La machine Lomeni, recommandée par le docteur J. Guyot, paraît la plus propre à opérer l'écrasement. M. Alloin, mécanicien à Quincié, s'est chargé de m'en établir une : on pourrait la voir chez lui.

une vigilante attention. Mais, en général, dans notre vignoble, cette partie intéressante de l'art de faire le vin est bien conduite : je n'en parlerai donc pas. J'ai dû, au contraire, insister sur les conditions les plus essentielles et les plus importantes de la vinification qui sont précisément le point où se commettent, dans ce pays, des fautes aussi désastreuses qu'elles sont inexplicables.

Toutefois, je ne terminerai pas cette étude sans dire un mot de la mise en bouteilles des vins ; car, là encore, nous nous trompons gravement.

Il faut le reconnaître : autrefois, on tardait beaucoup trop de mettre les vins en bouteilles ; quand on s'y décidait, ils étaient le plus souvent énervés et même usés par de trop nombreux soutirages, ils avaient perdu la meilleure portion de leur séve et de leur parfum. Aujourd'hui, nous sommes tombés dans l'excès contraire. La mise en bouteilles a lieu lorsque les vins ont deux ans à peine, quelle que soit, d'ailleurs, leur force alcoolique et leur degré de coloration. Qu'arrive-t-il lorsqu'ils appartiennent à de grandes années telles que 1854, 1858, 1859? Le travail lent qui devait se faire dans les tonneaux s'accomplit dans les bouteilles. Les dernières parties de sucre contenues dans le vin s'y transforment en alcool, sous l'action d'une fermentation insensible mais certaine. Une fois ce travail terminé, il faudrait, comme on le fait pour les tonneaux, rafraîchir, aérer ces vins au moyen du soutirage, en rejeter les ferments devenus inutiles, qui seront bientôt des ennemis. Mais on n'agit pas, on ne peut guère agir ainsi pour les vins en bouteilles. De là leurs maladies plus nombreuses et plus graves encore, depuis quelque temps, que celles des vins conservés en fûts.

Deux années de garde en tonneaux me paraissent nécessaires pour les vins des années faibles, et quatre pour les vins des grandes années, avant leur mise en bouteilles.

Et maintenant que j'ai examiné, avec tout le soin possible, la question de la vinification, m'efforçant de signaler et de démontrer les erreurs de la méthode actuelle, ainsi que de mettre en lumière les moyens faciles par lesquels nous pouvons rendre à nos vins tout ce qu'ils ont perdu de leurs qualités d'autrefois, qu'il me soit permis de donner à mes compatriotes beaujolais, au nom de nos intérêts communs, un dernier conseil qui ne me semble pas inutile.

Je sais que plusieurs d'entre eux, imputant avec raison l'invasion de la *graisse* et de l'*amer* dans notre vignoble à la recherche exclusive de la couleur, se proposent de revenir à la méthode de fermentation incomplète qui donnait les vins gris. Ce serait, de leur part, une erreur très-regrettable. N'est-il donc pas possible d'éviter une faute sans en commettre une autre? Parce qu'on a trop cuvé les vins pendant plusieurs années, faut-il ne pas les cuver suffisamment à l'avenir? La fermentation mal conduite et exagérée jette dans le vin des principes perturbateurs; mais la fermentation incomplète ne le constitue qu'imparfaitement : elle le prive d'une partie de ses éléments les plus essentiels. Dans le second comme dans le premier cas, on nuit à la qualité du produit. La méthode que j'ai recommandée, la méthode des maîtres, celle qui d'ailleurs fut toujours suivie par nos pères, est seule capable de mettre pleinement nos vins en possession de toutes les qualités et de toutes les vertus que la nature a voulu leur donner. Que l'on ne s'en écarte donc plus, soit pour aller au delà, soit pour rester en deçà des vraies limites d'une bonne fermentation. Car on ne doit point l'oublier, la fermentation est l'acte le plus important de l'industrie vinicole; et le précepte des anciens : *Tiens le juste milieu*, trouve ici sa juste application.

Que les viticulteurs n'hésitent pas à s'y conformer. Les ardeurs de l'été de 1863 leur promettent des raisins riches en sucre et en huiles essentielles, par conséquent une fermentation violente et une qualité de vin supérieure. Rappelons-nous que c'est dans de telles conditions que la décuvaison, retardée seulement de quelques heures, peut avoir les plus funestes conséquences.

Souvenons-nous de 1859 !

La conclusion de cette étude sera que, pour préserver nos vins des maladies nouvelles, aussi bien que pour parvenir à les régénérer pleinement, il est urgent de revenir, sur bien des points, à l'ancienne méthode de vinification et de culture. Nos pères n'étaient pas aussi savants que nous peut-être ; mais ils avaient, pour la tradition viticole, respect et fidélité. Or la science moderne nous démontre excellents les procédés recommandés par la tradition, et nous avons appris, à nos dépens, ce qu'il en coûte de les dédaigner. La voie que nous devons suivre se trouve ainsi éclairée par le double flambeau de l'expérience et de la science. Sachons au moins ne plus nous en écarter.

Août 1863.

Chanoine, imprimeur à Lyon.

www.ingramcontent.com/pod-product-compliance
Ingram Content Group UK Ltd.
Pitfield, Milton Keynes, MK11 3LW, UK
UKHW021950260726
13994UKWH00004B/1651